U0343025

神秘的彗星与流星

李珊珊 米琳莹 胡 瀚 编著

吉林出版集团有限责任公司

前言

　　夜空中闪亮的星星大部分都是恒星，它们在天空中十分缓慢地移动着。所以有些时候，我们会觉得星星好像是不动的。然而也有一些星星，它们的运动速度非常快，甚至有时候快到我们还来不及看上一眼就消失不见了。快速划过天空的星星叫作流星。它短暂而美丽，为人所津津乐道。更有流星雨这样壮观的天文现象，吸引无数人熬夜等待它出现的那一刻。在这一本书里我们就主要讲一讲关于流星、流星雨和造成流星雨现象的主要天体之一——彗星的知识。

目录 CONTENTS

流星

LIUXING

　　在晴朗的夜空中，常常可以看到飞逝而过的一道亮光——流星。这是一种十分引人注目的天文现象。在中国古代，有人认为流星代表着不祥。古人认为天上的星星与地上的人相对应，流星划过，代表着星星陨落，是有人要逝去的象征。耀眼的流星也会勾起人们对逝去亲人的思念。

　　而在西方传说中，对于流星有着另外的看法。在宗教信仰的影响下，西方人认为流星划过夜空，代表着上帝正在凝视人间。如果能在流星熄灭之前许愿，上帝就会帮你实现愿望。

这张美丽的照片是在阿塔卡马大型毫米/亚毫米波阵拍摄的，清晰记录了一颗流星划过天空发出灿烂的光芒。这里位于智利安第斯山脉，海拔高度在5千米以上 © ESO/C. Malin

中国古代关于流星的记载

中国古代有着较为连续完整的文献记录，一些引人注目的天文现象都能在各种历史书籍中找到记载。流星现象也不例外。比如在《春秋·左传》中，就有："鲁庄公七年夏四月辛卯夜，恒星不见，夜中星陨如雨。"

而《新唐书·天文志》中，也有关于流星雨的记载："唐开元二年五月乙卯晦，有星西北流，或如瓮，或如斗，贯弱极，小者不可胜数，天星尽摇，至曙乃止。"根据现代天文学家的研究和分析，这段记载很可能是著名的英仙座流星雨。

流星是怎么形成的

流星点亮天空的现象，可能很多人都看到过。当夜空中突然有明亮的物体快速划过，我们也会指着它叫"流星！"可是流星究竟是什么呢？它是从哪里来的，为什么会发光呢？它闪亮之后，去了哪里，又会变成什么样子呢？

流星体

想要了解流星，就要先介绍一下什么是流星体。流星体其实是在宇宙空间里运动的物体。它可能是岩石组成，可能包含金属。

流星体

流星

陨石

图片描述了流星体在宇宙空间中，进入大气层成为流星，在夜空中燃烧，并最终落在地球上成为陨石的过程。

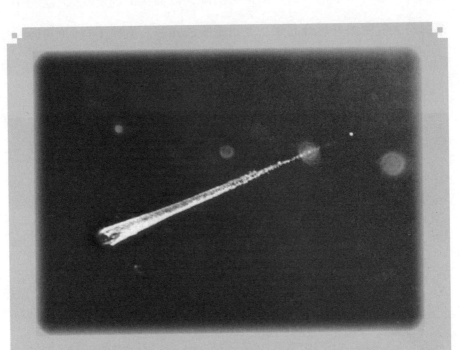

图片是1996年由NASA宇航员拍摄的一个极其微小的流星体（微粒）。这个流星体的大小约为10微米，划出了一道约为1.5毫米长的轨迹。每天，都有许许多多这样极小的流星体，从宇宙中闯入地球大气层。但是因为它们太小了，滑过的轨迹也太短，光芒十分暗淡，转瞬即逝，所以无法被人们发现　©NASA

一般来讲，流星体都比较小。直径可能在几微米到几米之间。科学家认为，流星体介于星际尘埃和小行星之间。也就是说，比流星体再小的物体，就是星际尘埃，比流星体大的是小行星。大部分流星体都是彗星和小行星的碎片。

■ 流 星

流星是宇宙中的流星体在接近地球时，受到地球引力吸引进入地球的大气层时形成的。流星体从天而降，以极快的速度在大气层中坠落，与大气摩擦并燃烧起来，发出耀眼的光芒。就成了我们平时看到的，明亮而夺目的样子。

从国际空间站拍摄的，一颗流星进入大气层发出光芒的景象　©NASA

在这张图片上可以看到一些明亮的物体，它们就是施瓦斯曼-瓦赫曼 3号彗星分裂出来的碎片。这些碎片就是流星体，它们进入地球大气层后，将形成美丽的流星雨　© NASA/JPL–Caltech/W. Reach（SSC/Caltech）

　　全世界的大部分地方都可能看到流星。事实上，流星的现象并不是只出现在夜晚。只不过，夜晚的时候太阳落下去，天空较为暗淡，流星更容易被看到。

　　一般来讲，流星现象分为单个流星（偶发流星）、火流星和流星雨三种。

■ 流星的来源

虽然在夜晚看上去都很闪亮，但是流星和天空中的其他星星是截然不同的。流星很小，距离我们很近，是进入了大气层之后与大气摩擦才会发出光亮的流星体。那么这些流星体是怎么形成的呢？它们又为什么会进入我们的大气层呢？在变成发光的流星之前，它们是什么样子呢？

在进入大气层之前，流星体很小很暗淡。它自身不发出光芒，也无法反射太多的太阳光让我们看到。这些流星体有的可能只是在宇宙中四处飘荡，有的可能是来自小行星的碎块，也有的可能是彗星上脱落下来的碎片。

有些流星体可能是太阳系形成初期就已经存在的，它们一直在太阳系中游荡，经过了几十亿年的时间。当这些流星体闯入大气层，就会为地球带来太阳系最初的信息。这些信息可能帮助科学家了解我们太阳系的起源，甚至是生命的起源。

扩展阅读

摩擦生热

流星体受到地球引力进入大气层，在从天而降的过程中与大气发生快速摩擦，产生巨大热量燃烧起来并发出光芒。

流星体与大气层摩擦，产生热量并燃烧发光——这里面包含的物理学原理并不复杂，在平时生活中也很常见。比如，天气冷的时候，我们将双手互相摩擦搓动，冰冷的双手就会感到暖和。这就是摩擦产生了热量。再比如，我们也许听说过远古人类"钻木取火"，这也是摩擦生热的一个典型应用。

想想看，生活中还有什么摩擦生热的例子呢？

将火柴在火柴盒侧面摩擦点燃，也是摩擦生热的一个例子。

美国宇航局斯皮策空间望远镜
拍摄的施瓦斯曼-瓦赫曼 3号彗
星破碎后的景象

■ 陨　石

大部分流星体进入大气层后剧烈燃烧，自身在燃烧中气化，成为大气层的一部分。但是也有一些比较大的流星体，经过燃烧还能留下一部分。这一部分最终坠落到地面，成为陨石。

■ 从月球上能看到流星吗?

月球和地球一样，也在宇宙中运动。有一些流星体也会进入月球的大气层，并最终坠落到月球表面。那么如果我们在月球上生活，能看到流星现象吗?

月球上比较小的陨石坑，可能就是流星体落到它表面时形成的。月球上密密麻麻的陨石坑说明经常会有物体坠落在月球表面，却因为没有大气层保护而不能燃烧。可以想象，如果地球上没有大气层保护，也会和月球表面一样变得坑坑洼洼　© NASA

事实上，月球上可能也会有流星，但是和地球上类似的流星现象却没有。因为月球没有地球这样厚实的大气层。流星体接近月球之后不能与大气摩擦生热，无法燃烧，也就不能发出耀眼的光芒了。

流星的颜色和成分

流星的现象时常发生，虽然看上去大同小异，但是仔细区分还是各有不同。天文学家在仔细观察之后，发现流星的颜色大致可以分为以下几种：橙黄色、黄色、蓝绿色、紫色、红色。这些颜色与流星本身的化学成分、大气的化学成分有关，也与它的运动速度有关。而且，同一颗流星在滑落的过程中，颜色也可能发生变化。

颜色	流星体所含化学物质
橙黄色	钠
黄色	铁
蓝绿色	镁
紫色	钙
红色	大气中的氮和氧

扩展阅读

焰色反应

——为什么能通过流星的颜色知道它的化学成分?

焰色反应指的是一些金属或者化合物在无色火焰中燃烧,呈现出特定的颜色。比如科学家发现,钙燃烧会呈现砖红色,铜燃烧会发出浅蓝色,钾燃烧时是浅紫色的……这是由它们本身的特性决定的。想想看,生活中还有什么摩擦生热的例子呢?

过节时放的烟花五颜六色。制作烟花时,工人们有意地加入各种金属或化合物。当它们燃烧时就会产生各种不同的颜色。

这张流星的照片清晰地拍摄出了流星尾部发出的燃烧光芒。从光芒中可以看到不同颜色变化。科学家通过分析颜色，便可以确定流星坠落时包含的化学物质。

火流星

大部分的流星体都非常小，在天空中一闪而过，呈一道明亮的细线。而且这些流星体很快就燃烧完全，不会到达地面，无法留下更多痕迹。但是也有一些流星体的燃烧过程特别剧烈，它们出现时就好像

火流星

一个从天而降的火球。这就是火流星。这种流星非常漂亮而明亮，通常还带着明亮的尾巴。

普遍认为只要比天空中的行星还要明亮的流星，就算作火流星。而有些火流星特别明亮，引人注目，在白天都能看到。有时候，火流星还伴随着爆炸声。

一颗十分明亮的火流星

流星现象发生非常频繁。即便是其中比较少见的火流星现象在全球各地也并不少见。根据美国流星协会的估计，每年大约有超过50万次的火流星现象发生。但是其中大部分并没有被人看到和报告。

参考表格：美国流星协会接到的火流星报告数量

年份	2008	2009	2010	2011	2012	2013	2014
火流星数量	726	692	948	1629	2326	3556	3751

陨石

　　流星现象短暂而无法完全预测。虽然天文学家目前可以通过了解彗星的运行轨道，预测流星雨的发生，但是仍有大量意外的流星事件是随机的。而这些流星进入大气层之后转瞬消失，不会留下太多痕迹。除非被摄影师幸运地拍摄到，否则就没有证据证明它曾经出现过。

科学家正在寻找并收集陨石碎片
© NASA / SETI / P. Jenniskens

在沙特阿拉伯东部省沙漠路面上
发现的陨石。重量约为408.5克
© Meteorite Recon

　　但是如果流星体的体积很大，进入大气层后即便剧烈燃烧，也能有一部分到达地面形成陨石。那么陨石就成了流星曾经发生的证据，也携带者大量来自宇宙中的宝贵信息。许多人热衷于寻找陨石，科学家也研究分析它们。

■ 陨石的数量

　　通常情况下，有火流星出现，就会有陨石落下。有科学家计算，每天降落在地球上的地外物质全部加起来，约有100～1000吨重。乍一听这个重量非常大，有点可怕，但是要知道，这些陨石不会一下子都掉下来，也不会落在一个地方。它们会分散到地球各个角落，有可能是海洋、森林、高山、平原……许多地方都是荒无人烟的，所以也就不可能看到陨石降落了。这些陨石有可能永远不会被人发现。

■ 陨石的种类

　　根据陨石的化学成分、矿物组成和结构特征，可将陨石分为三大类：石陨石、铁陨石和石铁陨石。

■ 石陨石

　　石陨石是陨石中数目最多的一种，主要由硅酸盐组成。更加细致地按照构造区分，又可以分为球粒陨石和无球粒陨石。其中球粒陨石是最普通的一类陨石，它们是流星坠落之后遗留下来的，没有发生过结构变化。这种陨石约占所有陨石的90%以上。

一个大约700克重的球粒陨石。从切割面上可以看到陨石中的球粒和金属薄层　©H. Raab

在美国肯塔基州，惠特利县发现的无球粒陨石　©Claire H.

2007年发现的月球陨石，由辉长岩冲击角砾岩形成　©Steve Jurvetson from Menlo Park, USA

　　无球粒陨石不含有陨石球粒，与玄武岩、橄榄岩比较类似。可能已经经过了融化并重新结晶的过程，内部结构发生了一定的变化。月球陨石、火星陨石等都是无球粒陨石。

■ 月球陨石

　　月球经常受到星际空间中的物体撞击，有的比较大，有的比较小。较大的物体，比如小行星撞到月球上，不但会形成巨大的陨石坑，还会将月球的一部分撞下来。这一部分月球岩石脱离了月球引力，飞向宇宙空间。其中有一些就会飞到地球附近，闯进大气层，成为一颗流星。如果这个来自月球的岩石个头比较大，还会有一部分坠落到地面，成为陨石。这样形成的陨石，就是月球陨石。

　　月球陨石对于科学家研究地球以外的星球形成有很大帮助。它也有助于天文学家研究星球的演化和太阳系的形成。

■ 火星陨石

　　类似月球陨石的形成过程，小行星撞击火星，将火星的一部分撞出它的大气层，这一部分岩石穿越宇宙空间，最终来到地球，成为火

ALH84001的照片，暗沉的熔岩壳层覆盖了八成的陨石表面　©NASA

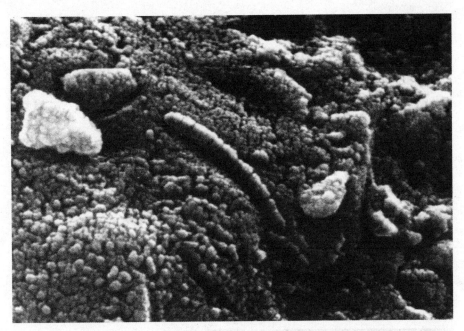

高清显微镜下观察ALH84001，可以看到这颗陨石的表面细节　© NASA

星陨石。

　　1984年12月，美国南极陨石搜寻计划的地质学家们在南极洲找到了一块大陨石。陨石质量为1930.9克，大小为15厘米 X 10厘米 X 7.5厘米，编号ALH84001。这就是著名的艾伦–希尔斯84001陨石。科学家认为，这块陨石大约在一千七百万年前的一次撞击中，脱离火星表面，而后，经过上千万年的时间，在一万三千年前坠落到地球表面。因为恰好掉落在南极地区，这块陨石在寒冷的极地冰层中被完好保存了上万年。

　　研究火星陨石对于天文学家来讲是了解地外行星、探索宇宙空间的重要手段。1996年8月，NASA的科学家宣布，在ALH84001上面找到了生命的痕迹。这使得这颗陨石对研究火星上是否曾经存在生命十分重要。

■铁陨石

铁陨石，或称陨铁，主要包含铁、镍、硫等矿物质。相比较石陨石，这种陨石中的铁镍合金占主要部分。从天文学家的角度来讲，铁陨石应该来自行星形成过程中，星子的一部分，是行星的内核。

对于古人来讲，铁陨石中的铁，是人类最早能使用的金属来源之一。在能冶炼铁器之前，早期人类将铁陨石打磨制作成工具使用。

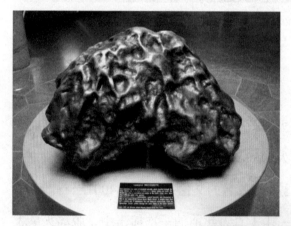

这颗铁陨石重量足有半吨，是在非洲阿尔及利亚的撒哈拉沙漠中发现的　© Ji-Elle

大英博物馆展出的因纽特人使用陨铁制作的攻击武器　© geni

■ 石铁陨石

如果一颗陨石中岩石部分和金属部分几乎相当，就是石铁陨石。石铁陨石含有的成分比较杂，不好归类。总体来讲，可以分为橄榄陨铁和中铁陨石。

在皇家安大略博物馆展出的埃斯克尔陨石，是目前发现的最大的石铁陨石。这颗陨石属于橄榄陨铁，经过打磨之后，呈现出美丽的黄色橄榄石结晶 © Captmondo

■ 微陨石

还有一种陨石并不是很显眼，也很少被人注意到。因为它们实在太小，太不起眼，有些甚至如果不借助辅助设备很难看到。它们就是微陨石。美国天文学家弗雷德·劳伦斯·惠普尔最早提出了这个概念。

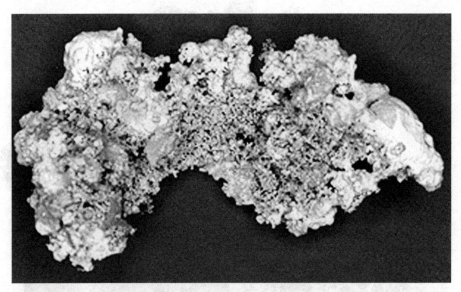

从南极冰雪中收集到的微陨石颗粒，长度大约为300微米　©NASA

微陨石顾名思义，就是十分微小的陨石。我们之前提到过，每天降落在地球上的物质质量非常庞大，足有上百吨，但是我们平时却很少看到天上掉下来的陨石。除了因为陨石可能落在荒郊野外，或者是在晚上的时候掉落，很难让我们看到之外，还因为这里面大部分的物质，都是以微陨石的形式掉落下来的。

　　微陨石的尺寸大约在50微米到2毫米之间，质量大约在千分之一微克到十毫克之间（10^{-9}克~10^{-4}克）。它们之中，有些本身就是宇宙尘埃，在掉入大气层的过程中甚至不能形成明亮的流星现象。科学家通常是在地面上以特殊的方式，寻找到这些来自天外的物质。

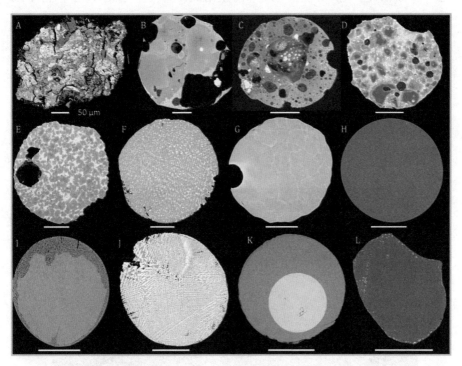

一些微陨石的截面图。除G、I、J、K外，都是微陨石　　© Shaw Street, S. Taylor

著名陨石

约角陨铁

约角陨铁是在格陵兰岛约克角发现的陨铁，是世界上最大的陨铁之一。据估计，它大约于一万年前坠落到地球上。在1818年，科学家们就听说了这块陨铁的存在，但是直到1894年，美国著名海军北极探险家罗伯特·皮尔里才找到了这块陨铁。皮尔里花费了3年的时间，才将这块重量巨大的陨铁运送到船上，并最终以4万美元的价格卖给了位于纽约的美国自然历史博物馆。

正在美国自然历史博物馆展出的，34吨重的约角陨铁。　© Mike Cassano

来自捷克共和国的捷克陨石，也称为摩达维陨石，重量约为11克，宽约46
毫米 © H. Raab

■ 捷克陨石

　　1787年，在捷克的摩达维河发现了一颗绿色的玻璃一样透明的
陨石。它就是著名的捷克陨石。科学家研究认为，捷克陨石应该形成
在一千五百万年前。形成它的巨大陨石撞击到地球表面，产生了高温
高压，将陨石与周围的石头融化并结合在一起，形成了独特的绿色玻
璃状石头。这种类似的陨石玻璃，在中国古代也有记载，被称为雷公
墨。

古代的陨石记载

中国是天文学发展最早的国家之一，有着丰富的陨石记载。比如《史记·秦始皇本纪》中记载："三十六年，荧惑守心。有坠星下东郡，至地为石，黔首或刻其石曰'始皇帝死而地分'。"又比如《史记·天官书》中说："星坠至地，则石也。"

中国古代天文学家沈括在《梦溪笔谈》中也有相关记载。他也是有记载最早发现陨石中含铁的人，时间是公元1064年。而相比较而言，西方国家的记载就晚得多。比如1768年，欧洲科学家研究了三块陨石，记载也较为简单。

"治平元年，常州日禺时，天有大声如雷，乃一大星几如月，见于东南；少时而又震一声，移著西南；又一震而坠在宜兴县民许氏园中，远近皆见，火光赫然照天，……视地中只有一窍如杯大，极深。下视之，星在其中，荧荧然，良久渐暗，尚热不可近。又久之，发其窍，深三尺余，乃得一圆石，犹热，其大如拳，一头微锐，色如铁，重亦如之。"

——《梦溪笔谈》卷二十

有趣的陨石记录

虽然相比较真正落在地球上的地外物质，被人们看到的陨石现象非常少，但是还是有一些有趣的记载。

在几百年前的欧洲，人们并不认为陨石和其他的石头有什么不同。只有少数人意识到，陨石可能是来自地球以外空间的岩石。比如德国物理学家恩斯特。他在1794年出版了一本小册子，收集了他能找到的所有已经发现的陨石的数据信息。但是当时的科学家对他的观点并不认同，还加以嘲讽。大约十年之后，1803年4月26日，一场在法国发生的石头雨才让科学家普遍接受了陨石来自天外的观点。据说，在这场石头雨中，有三千多块陨石从天而降，十分壮观。

德国物理学家、音乐家恩斯特·弗洛伦斯·弗里德里希·克拉德尼

陨石落到地面砸死人或动物的事情也有发生。比如有人称，1911
年掉落在埃及的纳克拉陨石砸死了一只狗。不过这个说法并不确实，
存在争议。在上世纪80年代，科学家认定纳克拉陨石是一颗火星陨
石。

1954年11月30日，美国阿拉巴马州，一颗4千克左右的陨石砸穿
了安·霍奇斯的房子，击中了她的收音机，让她受到重伤。这颗陨石
后来也被称为霍奇斯陨石。

阿拉巴马州自然历史博物馆展出的霍奇斯陨石　© wrightbrosfan

陨石坑

从天上掉下来的物体，只要到达地面，即便很小，也能在地上留下印记。比如重量只有几十克的小石块如果是从足够高的地方掉下来，就可以在地上砸出一个小坑。

本尔德陨石和被陨石砸破的汽车座椅照片　© Shsilver

几十克的陨石就能造成这么大的影响，可以想象，如果坠落的石块再大一点，有几千克，甚至是几吨，砸向地面时会怎么样？会不会把原来的山川、平地都砸开，让地上形成一个巨大的坑洞？事实上，这是可能的。陨石撞击形成的地表凹陷，叫作陨石坑。

　　陨石坑的大小不一，而且因为有一些形成在几千几万年之前，已经被水填满或者被风化改变了形状，难以辨认。目前地球上能依稀辨认出的陨石坑有大约150个，其中直径超过100千米的，只有5个。不过这些大陨石坑其实并不是流星坠落撞击出来的，而是比流星大许多倍的小行星撞击地球产生的。因为小行星体积较大，撞击之后不但能留下巨大的撞击坑，还可能给地球上的生物带来毁灭性的灾难。

　　下面就让我们看几个世界上比较著名的陨石坑。

位于澳大利亚西部的舒梅克陨石坑，以行星科学领域奠基人吉恩·舒梅克的名字命名

2012年10月7日，61.9克的诺瓦托陨石落在丽萨·韦伯屋顶上，砸出了一个小凹痕　© NASA

位于美国亚利桑那州的巴林杰陨石坑，是世界上第一个被确认的陨石坑　© Deborah Lee Soltesz，USGS 公共版权

■ 巴林杰陨石坑

巴林杰陨石坑以丹尼尔·巴林杰的名字命名。他是第一个提出这个巨坑应该是由陨石撞击形成的人。陨石坑的海拔高度为1740米，直径约为1200米，最深处超过170米深。

■ 努纳维克之眼

匹硅鲁伊特陨石坑，也被称为努纳维克之眼，位于加拿大昂加瓦半岛，直径约为3.44千米。根据科学家的研究，这个陨石坑应该形成

位于美国亚利桑那州的巴林杰陨石坑，是世界著名的陨石坑。根据科学家研究，它可能形成于五万年前的更新世时期。在这个时候，这片平坦的高原气候更加凉爽潮湿，开阔的草地上，点缀着猛犸象和巨型地懒。如今这里已经是一片干燥的沙漠　　© NASA
Earth Observatory/National Map Seamless Server

于大约140万年前。陨石坑内积水，形成了美丽的湖泊，看上去非常特别。

经过百万年的累积，匹硅鲁伊特陨石坑内已经形成了天然的湖泊被称为匹硅鲁伊特湖　© NASA. Courtesy of Denis Sarrazin.

■ 陨石坑的形成

我们已经知道，较大的流星体进入大气层之后，并不会完全燃烧，还有一部分落到地面形成陨石。而如果陨石的质量比较大，就会

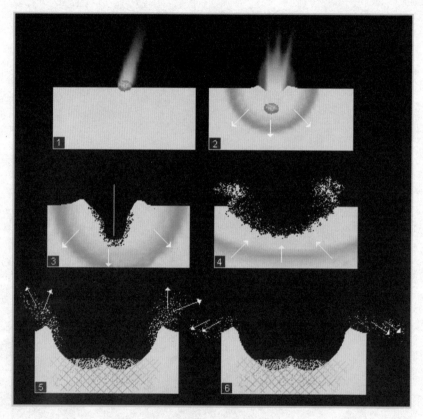

陨石撞击地面之后形成陨石坑的过程示意图

1. 陨石撞击地面；
2. 撞击产生激波；
3. 融化的岩石和陨石（上面文字），激波（下面）；
4. 反弹回地表；
5. 喷射物质；
6. 喷出物质堆积在表面上（上面），基岩裂缝（下面）；

在地面上撞击出一个陨石坑来。如果仔细观察，就会发现陨石坑大小不一，但是形状和特点却大同小异。这些坑为什么会是这个样子呢？它们是怎么形成的呢？

■ 外星上的陨石坑

也许有人看到地球上陨石坑的照片，就会联想起月球上，以及其他行星表面坑坑洼洼的样子。那些星球上看上去有比地球更多的陨石坑。因为这些星球没有地球这样浓密的大气层，即便是较小的流星体坠落，也不能燃烧而是会降落到地面。因此，月球这样的星球表面，比地球更经常受到流星体的撞击。

土卫一上，可以看到一个明显的巨大撞击坑。土卫一上没有流星，普通流星体也无法撞击形成如此巨大的陨石坑。事实上，这样的陨石坑，是更大的物体，比如小行星撞击形成的　　© NASA

除此之外，地球上有流水和风，有天气变化，有比较频繁活跃的地质活动，这些都会慢慢改变陨石坑的形态。经过上万年，甚至千万年的地质活动，地球上较小的陨石坑可能已经消失了。但是在月球这样的星球上，即便是较小的陨石坑，经历几万年的时间，依然可能保存完好。

美国宇航局拍摄的火星上的陨石坑。这个陨石坑的直径有几千米©
NASA HiRISE camera，Mars Reconnaissance Orbiter.

流星雨

　　单个流星虽然也很美丽，但是更令人激动的，却是流星集中出现的流星雨现象。流星雨的形成大多与宇宙中的天体运动有关，是比较有规律、相对可以预测的天文现象之一。而正因为流星雨的美丽壮观、可以预测，它便成为许多天文爱好者喜欢观测和拍摄的天文现象之一。流星雨即将发生时，许多新闻媒体也会争相报道，提醒对此感兴趣的人们提前准备。

1889年的一幅雕刻画，描绘了流星雨发生时的壮观景象。当然，这是经过艺术加工的画面。在现实中，流星雨虽然是流星相对集中出现的时候，却不会这么密集。一般来讲，流星雨现象发生时，每小时能看到几十到近百颗流星。特大流星雨现象也可能每小时出现上千颗流星。
© Adolf Vollmy

■ 流星雨与辐射点

在天文学上，流星雨现象是指夜空中许多流星从某一个辐射点或发源地发出，在相对集中的时间里出现的现象。所以如果一场流星集中出现的现象要被称为流星雨，这些流星还必须看上去好像是从同一个点发射出来的才行。这个点被称为辐射点。

通常来讲，天文学家还会根据流星雨辐射点在天空中的位置为流星雨命名。比如著名的英仙座流星雨（8月中旬）、狮子座流星雨

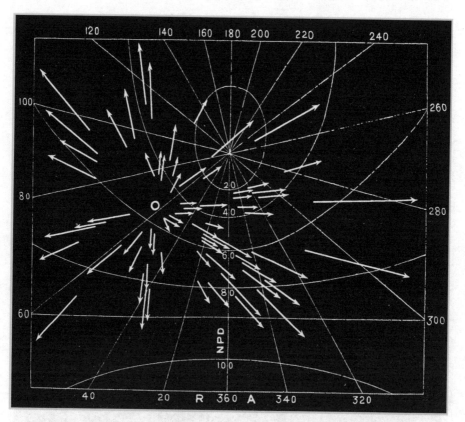

一张标示着流星雨现象的星图。可以明显地看到这场流星雨的辐射点

（10月底～11月初）、宝瓶座流星雨（10月底）等。可以看到，这些流星雨都会在每年的固定时间出现，十分有规律。这就与流星雨的形成原因有关。

■流星雨的形成

之前提到过，许多流星雨的形成与彗星有关。事实上，流星雨大多是彗星掉落的碎片闯入地球大气层形成的。每年，地球都会穿过太阳系内许多彗星的轨道，这些轨道上都散落着彗星经过时留下的碎片。当地球穿过彗星轨道时，这些碎片中的一些就会比较集中地进入地球大气层，形成流星雨。

可以看到，地球经过彗星轨迹时，流星体集中进入地球，并以一定角度坠落，就会形成流星雨现象。

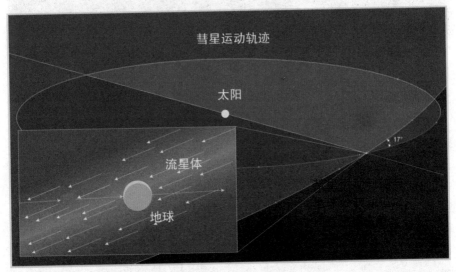

流星雨形成示意图　© Obra do próprio

这张长时间曝光拍摄的流星雨照片，是1995年的英仙座流星雨。一个多小时的时间里，在晴朗夜空中可以看到多达50～100颗流星。
© NASA Ames Research Center/S. Molau and P. Jenniskens

■著名的流星雨

● 1月象限仪座流星雨

每年的第一个月初，也就是刚刚进入新的一年的时候，都可以看到著名的象限仪座流星雨。虽然这场流星雨中，每小时流星出现在天顶的概率非常高，甚至比8月的英仙座流星雨和12月的双子座流星雨加起来还要高，但是它却并不像英仙座流星雨和双子座流星雨那么有名。为什么呢？因为它的峰值时间非常短，通常只有几个小时。

明亮的象限仪座流星雨，即便在黎明的天光中也可以看到　© Brocken Inaglory

大部分流星雨是地球经过彗星轨迹，彗星碎片进入地球之后形成的。也就是说，如果彗星轨迹比较窄，地球很快经过碎片区域，流星雨的时间就会比较短；如果彗星轨迹比较宽，地球通过碎片区域所需时间较长，流星雨的时间就比较长。对于象限仪座流星雨来说，它的时间通常只有8个小时左右，而8月的英仙座流星雨则能持续2天左右。

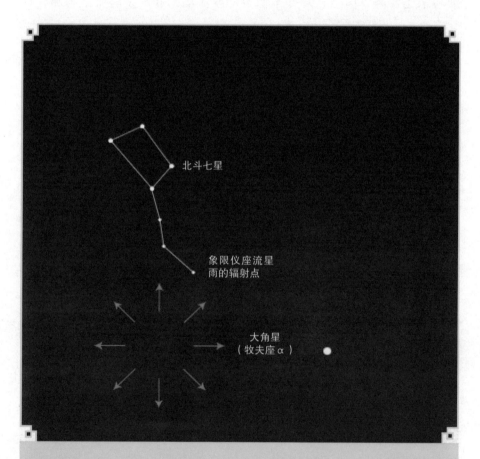

北斗七星

象限仪座流星
雨的辐射点

大角星
（牧夫座α）

午夜之后，在夜空中寻找北斗七星，象限仪座位于它的附近。而象限仪座流星雨的辐射点就在这里　© EarthSky Communications, Inc.

● **4月天琴座流星雨**

4月的中下旬会迎来天琴座流星雨。顾名思义，它的辐射点在银河中的天琴座，一般在天琴座α星，也就是织女星附近，偏向武仙座的方向。这场流星雨的高峰期大约在4月16日到26日之间，最高峰通常出现在22日晚、23日清晨。每小时平均流星数量在10颗左右，有时能达到每小时20多颗。

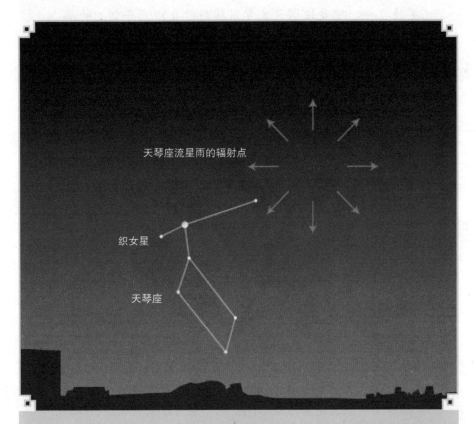

天琴座流星雨的辐射点，在天琴座α星附近。她是天琴座这个形似竖琴的星座中最亮的一颗恒星。在每年天琴座流星雨达到峰值的日子（4月22日前后），你可以在傍晚时分天空的东北方找到辐射点的位置　©Bruce McClure and Joni Hall

象限仪座是什么星座

象限仪座位于牧夫座和天龙座之间，在北斗七星的附近。也许有的读者会注意到，象限仪座并不是现代88星座之一。它是法国天文学家拉朗德在1795年创立的星座，但是在1922年被国际天文学联合会正式排除。而象

这张1825年的星图上方，有一个木头的好像圆盘一部分的物体。它就是象限仪。16世纪的航海家们使用这种工具来判断自己在海上的位置。图片上象限仪的下面就是牧夫座，右下角则是后发座的图像。

扩展阅读

限仪座流星雨也被称为天龙座流星雨。但是，为了不与10月的天龙座流星雨混淆，国际天文学联合会仍然使用象限仪座流星雨这个名称，来为这场流星雨命名。也因此，象限仪座这个名字流传了下来。

人类对天琴座流星雨的观测历史非常悠久，可以追溯到二千六百年前。它是由一颗长周期彗星佘契尔彗星（C/1861 G1）的碎片形成的。相对于其他长周期彗星，佘契尔彗星的周期比较短，只有四百一十五年，所以天琴座流星雨比其他长周期彗星形成的流星雨都要强。

● 8月英仙座流星雨

英仙座流星雨大约在每年7月底到8月初出现，每次出现持续时间比较长，有10天左右。英仙座流星雨是最著名的流星雨之一，几乎每年夏天都会出现，非常稳定。是许多天文爱好者最喜欢观测的流星雨。英仙座流星雨和每年年初的象限仪座流星雨、年底的双子座流星雨并称为北半球三大流星雨。

2009年英仙座流星雨中拍摄的流星划过天空的景象。在它的右侧可以看到银河系　© Brocken Inaglory

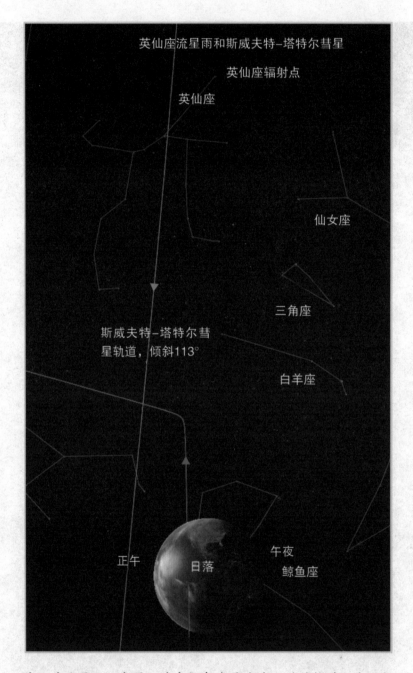

英仙座流星雨示意图,其中红色线是地球运动的轨道。由于投影关系,轨道发生了弯折。形成英仙座流星雨的彗星,叫作斯威夫特–塔特尔彗星 © Aanderson@amherst.edu

● 10月猎户座流星雨

每年10月，著名的哈雷彗星为地球带来了的猎户座流星雨。这场流星雨通常发生在10月的最后一周，可能持续几天时间。当流星雨爆发时，辐射点虽然位于猎户座，但是天空中很大一片区域，甚至是双子座的范围内都可能出现流星。通常来讲，下半夜看到的流星比上半夜要多。在一些年份，猎户座流星雨可能出现每小时50~70颗流星的峰值。

2008年猎户座流星雨照片　©Brocken Inaglory

猎户座流星雨最早被发现并大致预测是在1839年，美国人E.C.哈利克预测当年10月8日至15日出现。之后一年，他又预测了流星雨的

2007年猎户座流星雨中，一颗绿色的流星划过夜空　© Brocken Inaglory

出现。只是时间并不特别精确。此后人们开始对这一流星雨现象逐渐
关注。到1864年，A.S.赫舍尔准确预测了当年10月18日出现的流星雨
并且确认了流星雨的主要辐射点在猎户座。

● **11月狮子座流星雨**

几乎每年11月中旬，都可以看到被称为流星雨之王的狮子座流星
雨。狮子座流星雨中流星运动的速度比较快，比如1998年时，流星雨
相对地球的运动速度为71000米每秒，是子弹速度的100倍。它的峰值
大约出现在每年11月18日左右，可能提前或退后几天。

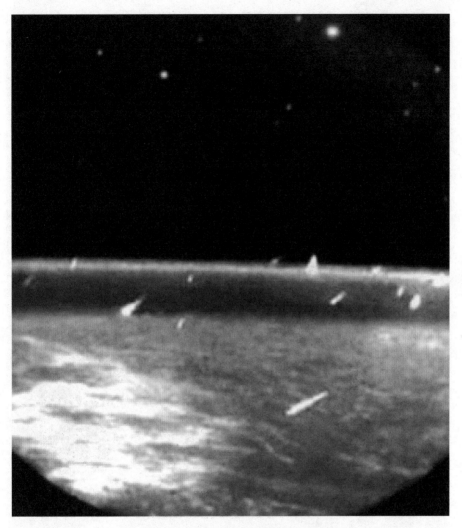

1997年，美国宇航局从太空中拍摄的狮子座流星雨　©NASA

　　在最高峰的年份，天气状况较好的情况下，每小时可能观测到上千颗流星。然而在一般年份，流星的数量就少多了。有时每小时只有几十颗。这是因为形成狮子座流星雨的坦普尔–塔特尔彗星有33年的运动周期。每次彗星刚刚经过，流星雨就会最大最壮观。

一张被认为是描述狮子座流星雨的木刻画。1833年，令人惊艳的狮子座流星雨大爆发，不但令人们记住了这场流星雨，还引起了众多科学家研究流星雨的兴趣　　© Mr. Pickering

对航天器的影响

形成流星雨的碎片颗粒虽然很小，但是速度极高。虽然进入大气层后很快因为摩擦生热燃烧消失，但是对于地球周围，大气层之外的人造航天器却是一场不小的考验。它们可能将航天器的太阳能板、电子器件等损坏，如果颗粒比较大，甚至可能将整个航天器击毁。1993年，英仙座流星雨爆发时，欧洲空间局的奥林匹斯卫星被一颗流星体撞击失去控制。还好在科学家的努力下，它后来又起死回生了。

2010年，英仙座流星雨爆发。图为流星划过位于智利的甚大望远镜上空时拍摄的照片　© ESO/S. Guisard

● **12月双子座流星雨**

　　每年年底的双子座流星雨，是一年中最后一场流星雨盛宴，也被很多人认为是最美丽、最绚烂的流星雨。因为双子座流星雨的颜色丰富，每小时划过的数目也多达百颗，非常适合天文爱好者拍摄观测。

拍摄于2007年的旧金山的双子座流星雨　　© Brocken Inaglory

　　通常来讲，双子座流星雨的运动比较慢，在12月中旬，大约13日到14日时达到顶峰。据观测，这场流星雨每年都在加强，最近一些年在天气状况理想的情况下，已经能看到每小时120~160颗流星。

　　双子座流星雨最早在1862年被发现，与其他流星雨相比，历史比较短。比如英仙座流星雨发现于公元36年，而狮子座流星雨在公元902年被发现。双子座流星雨的形成与其他流星雨较为不同。它并不是彗星碎片形成的，而是一颗名为法厄松（小行星3200）的小行星碎片形成的。在著名流星雨中，只有双子座流星雨和1月的象限仪座流星雨是来自小行星的。

北半球的双子座流星雨　© Asim Patel

这是一张由四张照片叠在一起组成的图片，照片上箭头标示出的四个点，是小行星3200，也就是造成双子座流星雨的法厄松小行星的位置。通过这张图片，可以清晰看到它的移动轨迹　© Marco Langbroek

2015年12月拍摄于伊朗沙漠中的双子座流星雨
© Amir shahcheraghian

彗星 ∙∙∙∙∙∙∙∙∙∙∙∙∙∙∙∙∙∙∙∙∙∙∙∙∙∙∙∙∙∙ ②

HUIXING

　　彗星是比流星更加少见的天文现象。它的形态更加特别，有着明亮的头部和长长的羽状尾巴。有人觉得彗星像扫把，比如古代的中国人，就把彗星称作扫把星，认为它是不祥的象征。但是随着现代科学的发展，天文学家对彗星的观测了解越发深入，已经知道彗星只是宇宙中运动的天体接近太阳和地球形成的一种特殊现象。许多天文爱好者对彗星情有独钟，会追逐拍摄彗星。而一些普通人看到彗星时，也会觉得它的长尾巴非常漂亮。

1997年3月29日，拍摄于克罗地亚伊斯特拉半岛著名的海尔-波普彗星
© Philipp Salzgeber

彗星记载

自古以来，彗星总与灾难联系在一起。古人认为彗星的出现没有征兆，是坏兆头。在古代中国，人们对彗星的贬称有很多，比如"扫帚星""扫把星""灾星"等等，同时还会将它的出现和人间的一些灾难，比如战争、饥荒、洪水等联系在一起。而事实上，类似的将彗星当作灾难象征的观点，在古代中外历史上都不鲜见。

古代中国

著名的哈雷彗星有着每76年出现一次的周期，并且每一次造访地球，都可以被肉眼观察到。正因为这样，哈雷彗星经常出现在古今中

1986年3月8日拍摄于复活节岛的哈雷彗星 © NASA/W. Liller

武王伐纣与哈雷彗星

距离现代越久远的古代，历史事件的具体时间就越难确定。科学家通常会通过文献中的各种线索，循着蛛丝马迹，推断古代事件的年份。比如武王伐纣这个事件，历史学家知道它发生在商朝末年，但是具体年份，甚至是月份要确定，就需要更详尽的资料。《淮南子·兵略训》中，记载，武王伐纣时发生了彗星现象，无疑为历史学家确定时间提供了帮助。

可是文献中并没有明确说明，当时的彗星就是哈雷彗星。但是天文学家认为，在武王伐纣可能的年代，也就是公元前1057至公元前1056年间被记载下来的彗星，是哈雷彗星的可能性最大。这与目前发现的彗星运动周期、彗星是否能肉眼可见、亮度如何都有关。

外的诸多历史记载之中，无论是文献资料，还是绘画资料中，都有这颗彗星的踪迹。

世界上最早的关于哈雷彗星的记载，出自《淮南子·兵略训》。书中描述了公元前1057年的一次哈雷彗星造访地球的景象："武王伐纣，东面而迎岁，至汜而水，至共头而坠。彗星出，而授殷人其柄。时有彗星，柄在东方，可以扫西人也！"当时的人们当然不知道，这颗彗星叫作哈雷彗星，也不知道它造访地球的周期。所以，确认这颗彗星是哈雷彗星，实际上是现代人对历史资料的考证，是天文学家根据彗星周期向上推算的结果。

对哈雷彗星更加确切的记载，是公元前613年，《春秋左传·鲁文公十四年》中提道："秋七月，有星孛入于北斗。"这也是世界上第一次对哈雷彗星准确的、确定的记载。而自从公元前240年，也就是秦始皇七年起，每次哈雷彗星回归，中国古代都有对应的文献记载。这些记载为科学家研究彗星的周期运动提供了丰富翔实的历史资料。

■ 欧洲的彗星记载

欧洲早期对于彗星的记载更多出现在艺术作品中，比如绘画、雕刻等。两千多年前，古希腊哲人亚里士多德认为，彗星是一种大气现象。而与中国古代对彗星的看法类似，意大利作家、哲学家老普林尼认为，彗星的出现意味着政治动荡和死亡。

而随着时间的推移和观测技术的进步，在16世纪左右，逐渐有人

贝叶挂毯上描绘的众人看到彗星时惊讶并竞相观看的景象。这颗彗星也是哈雷彗星

1577年，一幅版画上绘制了大彗星出现时的样子

开始对彗星进行较为科学系统的研究。比如丹麦天文学家第谷·布拉赫通过研究1577年发生的大彗星现象，计算了它的视差，进而推测这颗明亮的物体必定在大气层之外。因为它与地球的距离，比月球到地球距离多4倍。

● **彗星的轨道**

对彗星的轨道运动的准确计算，在更晚一些时候。1687年，牛顿在他所著的《自然哲学的数学原理》中，演示了如何使用万有引力定律计算彗星轨道。

1680年大彗星 　©Lieve Verschuier 公共版权

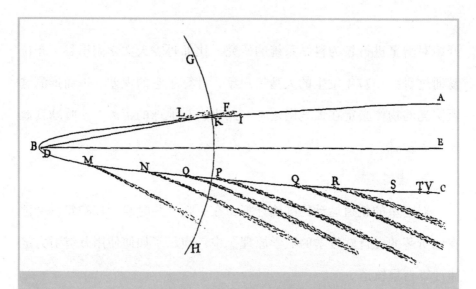

牛顿在书中演示如何计算1680年大彗星的轨道。图中，彗星的运动轨迹是一条抛物线。这颗彗星也被称为牛顿大彗星

● 发现哈雷彗星

1705年，英国天文学家埃德蒙多·哈雷使用牛顿的方法，计算了1337年到1698年间的23次彗星现象。他注意到其中1531年、1607年以及1682年的3次彗星现象，有十分相似的轨道。他判断，这3次出现的是同一颗彗星。每一次出现时，细微的差别可能是由于土星或木星的引力扰动引起的。哈雷十分自信地预测，在1758或1759年，这颗彗星会再次出现。后来，3位法国的数学家，将哈雷的计算进一步细化。1759年，当这颗彗星真的出现在天空中，它成为著名的哈雷彗星。根据计算，下一次哈雷彗星出现的时间是2061年。

埃德蒙多·哈雷的肖像画

彗星的基本知识

　　了解了历史上人们对彗星的观察和研究，接下来就让我们了解一下，彗星究竟是什么呢？它是一个星球吗？为什么看上去是这样子呢？

■ 彗星的结构

天文学上认为，彗星是核心含有冰的太阳系天体。当它接近太阳周围，由于太阳的加热和太阳风的压力，一部分大气会看上去十分明亮，并拖出长长的尾巴。有的彗星还会出现喷流现象。一般来讲，彗星由彗核、慧发、彗尾等几部分组成。但是并非所有的彗星都有这几部分。比如有的彗星就没有彗尾。

● 彗核

彗星的固体核心被称为彗核。这一部分主要包含岩石、尘埃、固体冰以及一些冰冻的气体，比如二氧化碳、一氧化碳、甲烷、氨气等。所以很多时候，彗星被科学家戏称为"脏雪球"。当然，不同的彗星包含冰、尘埃、岩石等成分的比例不同，也因此呈现不同特点。

美国宇航局EPOXI任务在2010年11月拍摄的哈特利2号彗星图像。当时，美国宇航局的航天器飞掠了这颗彗星，并使用中等分辨率仪器拍摄了这张照片 ©NASA/JPL-Caltech/UMD

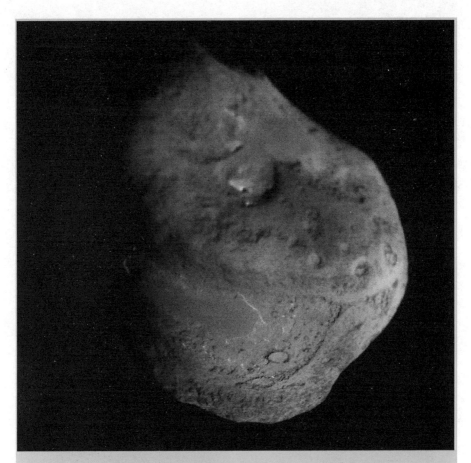

由美国宇航局深度撞击空间探测器拍摄的坦普尔1号彗星彗核表面的景象。这张照片是在深度撞击发射的探测器，撞击到彗星表面前5分钟拍摄并传回的。因为太阳光从图片上的右侧照向彗星，所以左侧较亮。而彗核表面的暗区，可能是陨石撞击形成的撞击坑。坦普尔1号彗星宽约5千米，高约7千米。　　©NASA/JPL-Caltech/UMD

大部分彗星的彗核都小于16千米，但也有一些彗星的彗核特别大。比如目前发现的比较大的、曾经接近地球的海尔-波普彗星，彗核直径大约为50千米。而目前已经测量过的一些彗星，平均密度大约为每立方厘米0.6克。

● 慧发

当彗星接近太阳的时候，受到太阳光照的影响开始升温。它的一部分核心升华，形成气体状物质模糊地包围在彗核外，好像头发一样。它也被天文学家形象地称作慧发。一般来讲，慧发的直径能达到几万千米。正是因为慧发的存在，才让人们更好地辨认彗星——迷雾状轮廓，让它与其他恒星显得十分不同。

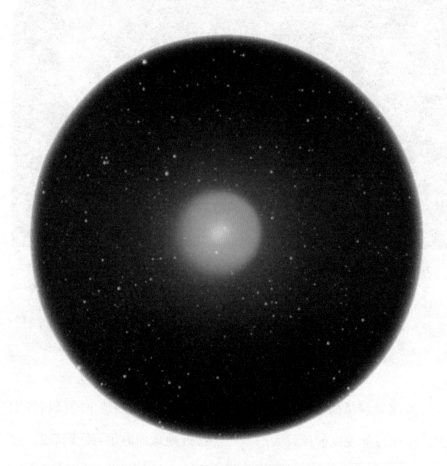

霍尔姆斯彗星位于英仙座时拍摄的照片。照片经过特殊处理，迷雾状的慧发周围，显示出绿色的光芒 © Gil-Estel

● 主要成分

慧发大部分由冰、彗星尘埃组成。当彗星运动到距离太阳3～4个天文单位，也就是大约4亿～6亿千米的时候，彗核内的一些物质会喷发出来。而其中90%都是水汽。水分子在受到太阳光的照射之后，发生光解、电离等效应，生成了氧、氢等许多中性分子、原子。科学家认为，慧发中含量较多的气体是水蒸气、二氧化碳、一氧化碳和氧气、氨气、甲烷气、甲醇、甲醛、硫化氢等。

电离是一个物理过程，指的是某些原子或分子在光的作用下产生离子的过程。

C/2012 F6 莱蒙彗星是一颗长周期彗星。2014年，天文学家宣布，使用阿塔卡马大型毫米/亚毫米波阵天线，研究了这颗彗星内部氰化氢、甲醛、异氰化氢、尘埃等的分布　© Massimozanardi

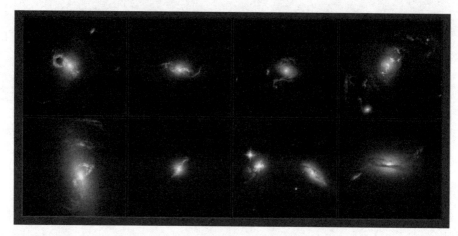

这张图中有八个不同星系，都是哈勃太空望远镜拍摄到的。星系中，有一些绿色的细丝，很可能是因为这一区域的物质，被来自类星体的光电离后产生的 © NASA，ESA，Galaxy Zoo Team and W. Keel（University of Alabama，USA）

阿塔卡马大型毫米/亚毫米波
阵天线 © ESO/C. Pontoni

长长的明亮彗尾，是彗星最显著的特征之一。图中是2011年12月，美国宇航局的宇航员丹·伯班克在国际空间站上拍摄的洛夫乔伊彗星。可以清晰地看到彗尾以及地平线的辉光　© NASA/Dan Burbank

● 彗尾

彗尾和慧发一样，也是彗星在进入太阳系内层，接近太阳的时候形成的。只要距离我们足够近、足够明亮，彗发和彗尾都可以被地球上的观测者看到。只是有些彗星可能比较暗淡，需要借助望远镜等设备。

● 尘埃彗尾、气体彗尾和尘埃轨迹

仔细观察彗星，会发现彗星的尾巴实际上有两条。这是因为受到太阳的影响，从彗星中喷出的尘埃和气体，会形成不同的尾巴：尘埃彗尾和气体彗尾。

拍摄于西澳大利亚的麦克诺特彗星，也就是2007年的大彗星。注意分辨，可以看到彗星尾部隐约有两条彗尾

彗星的尘埃彗尾、气体彗尾和尘埃痕迹，与太阳和彗星运行轨道之间的关系 © NASA Ames Research Center/K. Jobse，P. Jenniskens

彗星的两条尾巴都能发光，但是原理不同。尘埃彗尾会反射太阳光，而气体彗尾则主要是因为电离发光。而在彗星走过的地方，则会留下尘埃轨迹。地球经过这些尘埃轨迹时，地面上的人就会看到流星雨了。

● **会变的尾巴**

同一颗彗星在运动的过程中，外形会不断变化。具体来说，就是它的尾巴会有时长、有时短，尾巴的方向也会变来变去。之所以会有这样的表现，与彗尾的形成原因有关。

仔细观察可以发现，彗星的气体彗尾是从彗核部分发出，向远离太阳的方向延伸。而尘埃彗尾相比气体彗尾，则会稍稍偏向彗星运动的反方向。而且彗星与太阳的距离越近，彗尾就会越大、越壮观。当彗星远离太阳时，彗尾就会越来越短、越来越小了。

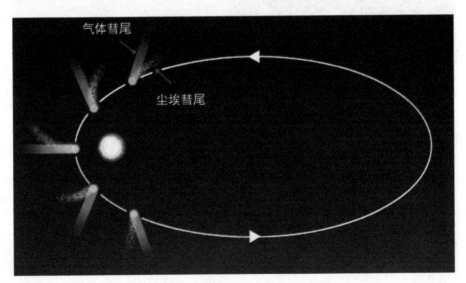

由于彗星与太阳之间的距离和相对位置的变化，彗尾的长度和方向都不断变化

● 喷流

彗星接近太阳，因为阳光照射不均匀，可能会出现不同区域受热不一样。这就导致彗星内部可能产生一些气体，压力增加。当气体的压力达到一定程度，就会冲破彗星表面，形成间歇喷泉一样的喷流。而这些喷流也可能导致彗星旋转，甚至是四分五裂。

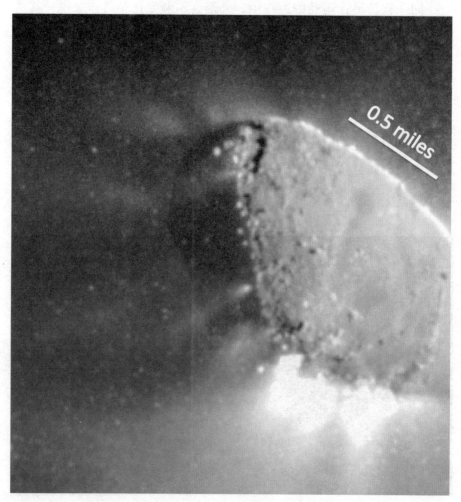

哈特利2号彗星喷出的气体喷流，含有冰雪　© NASA，JPL-Caltech，UMD，EPOXI Mission

● 彗星的轨道和周期

事实上，彗星和许多小行星、矮行星、行星一样，也是围绕着太阳转动的天体，只不过它们的个头很小，主要由固体冰和尘埃组成。而且它们的运动轨道是很扁的椭圆形。太阳看上去位于这个椭圆轨道的一端。

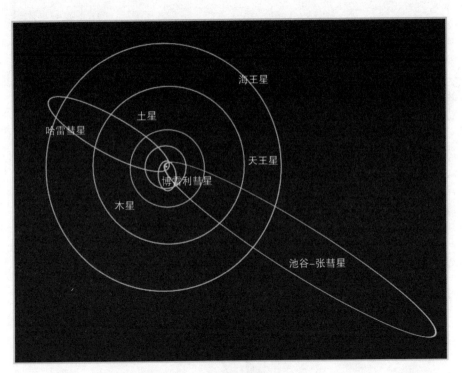

哈雷彗星、博雷利彗星、池谷-张彗星的轨道示意图　© Morgan Phoenix

● 近日点

彗星的轨道和行星轨道一样，是椭圆形，而且大部分彗星的轨道更加"扁"。这就使得彗星有时候离太阳近，有时候离太阳远。我们把它轨道上距离太阳最近的位置，叫作近日点。

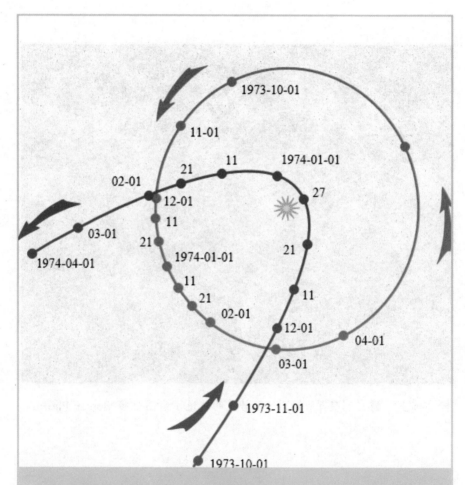

红色的线是科胡特克彗星的运动轨道，蓝色的是地球轨道（简略图）。图上的数字是日期。可以看到，随着彗星接近太阳，它的运动速度会加快

● **周期彗星**

彗星有了明确的运动轨道，如果轨道是一个闭合的椭圆形，就意味着它每隔一段时间就会接近太阳，运动到距离地球很近的地方。这就是彗星的周期。而具有这种周期性回归现象的彗星，就叫周期彗星。

部分著名彗星的周期及造访时间

彗星名称	官方命名	周期	上一次造访地球	下一次造访地球
哈雷彗星	1P/Halley	75.3年	1986年	2061年
海尔–波普彗星	C/1995 O1	2520~2533年	1997年	约4385年
洛夫乔伊彗星	C/2011 W3	约622年	2011年	约2633年
霍尔姆斯彗星	17P/Holmes	6.88年	2014年	2021年
艾森彗星	C/2012 S1	4万年	2013年	~

可以看到，不同的彗星周期不同。有的彗星周期长，有的周期短；还有的彗星，比如艾森彗星，它的轨道被认为是双曲线的。科学家相信，这颗彗星在2013年是第一次造访地球，是一颗刚刚形成的彗星，而且很有可能从此不再出现。不论如何，它的轨道周期太长，想要验证它是否会再回来十分困难。

● **短周期彗星**

周期彗星中的短周期彗星，轨道周期一般是200年。这种彗星通常和行星一样，环绕太阳自西向东运动。它们的轨道平面也和行星轨

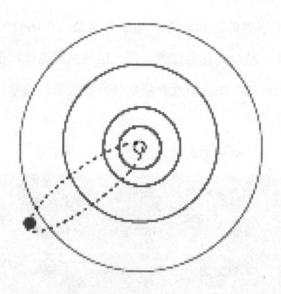

哈雷彗星轨道示意图。可以模仿这张
图重做。其中最外圈的红线是海王星
轨道，蓝线是哈雷彗星轨道　©WilyD

道平面夹角不太大（小于90°）。而这种彗星运动到距离太阳最远的
时候，会走到木星或者更远的行星所在的太阳系空间。

　　比如哈雷彗星每75年多来到地球附近一次，它就是一颗短周期彗
星。而哈雷彗星距离太阳最远时，会超过海王星的轨道。

　　● 木族彗星

　　恩克彗星可能是周期最短的彗星。它距离太阳最远的时候，也在
木星轨道以内。而像恩克彗星这样，周期在20年以内、轨道平面的倾
斜非常小的彗星，被称为木族彗星。

美国宇航局的斯皮策空间望远镜拍摄的红外照片，恩克彗星正沿着它之前走过时形成的尘埃痕迹（斜对角线）绕转。 © NASA／JPL−Caltech／M. Kelley（Univ. of Minnesota）

● **哈雷型彗星**

周期在20~200年之间、轨道倾角在0~90°之间的彗星，被称为哈雷型彗星。这种彗星的轨道平面与行星公转平面有一个较大的夹角，周期不太短，也不太长。到2015年，科学家总共发现了75颗这样的彗星。相比较而言，木族彗星则发现了500多颗。

● **长周期彗星**

长周期彗星的轨道是更扁一些的椭圆形，周期超过200年，最长时可能达到几千几万年，甚至是百万年。这种彗星距离太阳最远时，可以到达太阳系最外的边缘处。根据科学家研究发现，大部分长周期

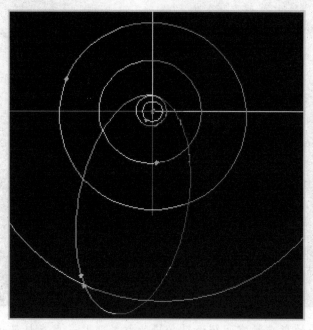

史提芬-奥特玛彗星的运动轨道。这颗彗星是一颗哈雷型彗星，回归周期约为37.7年。下一次接近太阳的时间在2018年　© Osamu Ajiki/JPL

彗星的远日点，都在奥尔特云。那里与太阳之间的距离，是地球与太阳距离的几万倍。

● 麦克诺特彗星

麦克诺特彗星是一颗长周期彗星，它的回归周期大约为9万2千多年。这颗彗星在接近太阳的时候和远离太阳的时候轨道会发生微小的变化。比如在接近太阳的时候，它的轨道会变成双曲线。这意味着它可能永远地离开太阳系，再也不回来。然而科学家发现，当它远离太阳的时候，轨道会又变成椭圆形，让它有可能再回到太阳附近。

● 韦斯特彗星

韦斯特彗星是一颗长周期彗星。它的回归周期目前还没有确定，可能在25万年到55.8万年之间。但是也有科学家认为，这颗彗星的周

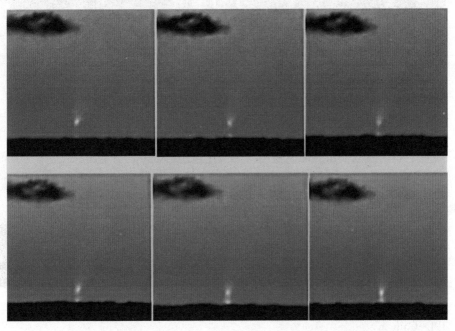

连续拍摄的红外波段的麦克诺特彗星　　© Brocken Inaglory

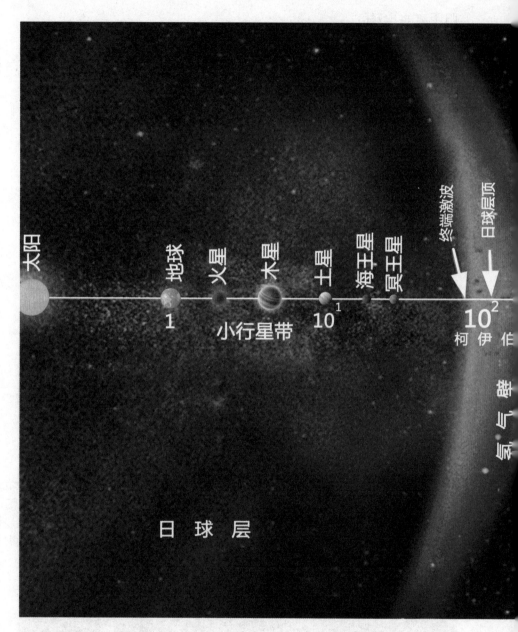

太阳系内行星、旅行者一号飞船以及奥尔特云等与太阳的距离　©NASA / JPL-Caltech

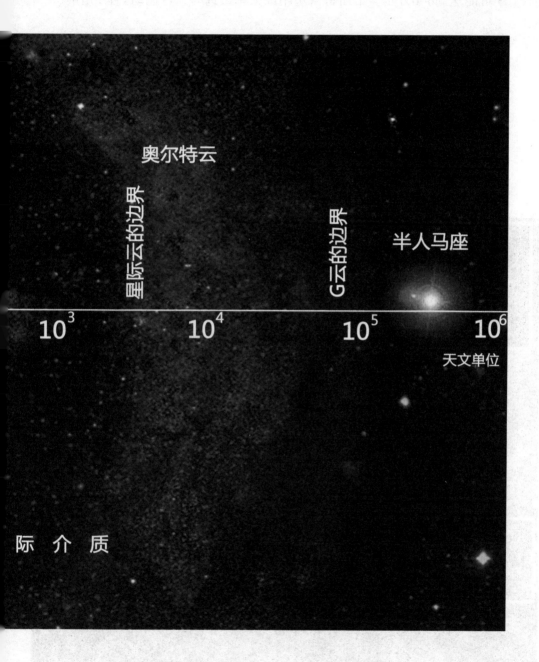

期可能达到600万年。韦斯特彗星距离太阳最远时，可运动到1.1光年之外。

● **奥尔特云：彗星的发源地**

奥尔特云也是彗星的发源地，这里冻结着数万亿个冰冻的"脏雪球"。它们随时都可能受到太阳引力的影响，离开那片冰冷的区域，进入太阳系内部，成为一颗彗星。

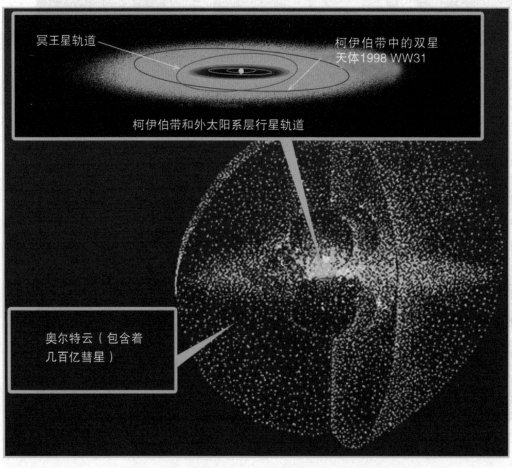

冥王星轨道

柯伊伯带中的双星
天体1998 WW31

柯伊伯带和外太阳系层行星轨道

奥尔特云（包含着
几百亿彗星）

柯伊伯带和奥尔特云 ©NASA

■ 大彗星

特别明亮、特别醒目的彗星，被称为大彗星。这并不是一个科学的定义。通常来讲，人们把那些即便不特意去寻找，仍然能清晰看到的彗星称为大彗星。比如哈雷彗星。这种彗星不但在天文学界十分有名，还能广泛地被普通人所了解。

拍摄于1986年4月的哈雷彗星照片。它也许是世界上最著名的最明亮的大彗星 ©NASA Kuiper Airborne Observatory

■ 掠日彗星

有一些彗星在沿着轨道运行到太阳系内层空间，接近近日点的时候，会距离太阳非常近。这种彗星被称为掠日彗星。比如著名的牛顿彗星，也就是1680年的大彗星。当时它从距离太阳表面20万千米的地方掠过。

彗星主要由固体冰和尘埃组成，过于接近太阳很容易在太阳的影响下，快速蒸发变小。而且，太阳的潮汐力，也有可能将彗星撕碎。它们破碎后，有可能形成好几颗较小的彗星，继续做绕日运动。

曾在2013年引起天文爱好者极大兴趣的ISON彗星，也是一颗掠日彗星。这是哈勃望远镜在2013年4月拍摄的ISON照片。　© NASA，ESA，and the Hubble Heritage Team（STScI/AURA）

克罗伊策掠日彗星

克罗伊策掠日彗星是一个掠日彗星家族。这个家族中的彗星有着相似的运行轨道，每当运行到近日点的时候，都会非常接近太阳。这些彗星被统称为克罗伊策群。科学家认为，它们可能是一个大彗星在几个世纪之前破裂之后的碎片形成的。这颗彗星是根据德国天文学家海因里希·克罗伊策的名字命名的。他最先证明了克罗伊策群中的彗星彼此之间相互关联。

南非天文台拍摄到的1882年大彗星，也是克罗伊策群的一员。

■半人马型小行星

半人马型小行星大多是不太稳定，半长轴介于木星和海王星轨道之间的小行星。这些小行星的运动轨道可能会穿过一个或多个巨行星，一般来讲生命周期在几百万年。

喀戎是被发现的第一颗半人马型小行星，它表现出了很多与彗星相似的特点。当1988到1989年间，喀戎接近它的近日点时，天文学家发现它表现出类似慧发的特征。也因此，在一些归类中，喀戎也被认为是彗星。科学家认为，半人马型小行星与彗星在运行轨道上，并没有明显的不同。

开源软件Celestia中小行星喀戎带光环的样子。行星表面的纹理是根据想象绘制的。

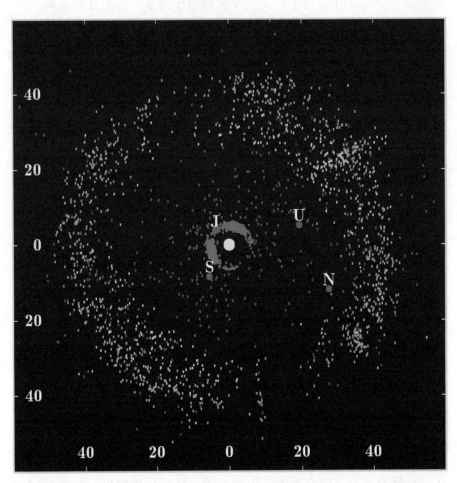

太阳系内包括半人马型小行星在内的一些小行星族群的分布　© WilyD

▓ 当彗星不再是彗星

彗星一直绕着太阳转动，会有结束的一天吗？如果彗星不再是彗星了，它会变成什么样子？天文学家给出了彗星可能的几种结局。

● 离开太阳系

彗星之所以是彗星，是因为它们总会按照一定的周期来到太阳附近，被地球上的人们看到长长的尾巴。而如果一颗彗星离开地球和太阳之后，一直远离，再不回来，就不再是一颗彗星了。彗星脱离太阳系，需要一定的速度，也就是达到第三宇宙速度。目前，天文学家只发现彗星在与太阳系其他行星发生相互作用之后脱离太阳系的情况。

● 挥发物耗尽

一颗有着长长的明亮尾巴的彗星，必定含有大量挥发物，比如水汽、氢气、甲烷等各种气体。但是每一次经过太阳附近时，彗星都会损失一部分挥发物。直到有一天，它不再拥有明亮的尾巴，看上去也就不像一颗彗星了。这种彗星叫作消亡彗星。

● 解体

彗星的彗核并不很牢固，很容易因为外力的作用而分裂破碎。比如著名的ISON彗星，在2013年经过太阳附近时，天文学家就担心，认为这颗彗星很可能会被太阳引力撕碎。还有一些彗星，会在经过大行星附近的时候，被它的引力撕碎，甚至被行星引力吸引，撞向星球表面。比如舒梅克-列维9号彗星，就在1994年撞向木星，上演了壮观的慧木大冲撞。

鲍威尔彗星曾经在1980年与木星擦肩而过。这一次擦肩让这颗彗星被加速，之后它便以超过所有太阳系小天体的速度，奔向远离太阳的方向，向着太阳系外冲去 © NASA/JPL/Space Science Institute

近地小天体唐·吉诃德（3552）被认为是一颗消亡彗星。这张照片拍摄于2009年，当时它距离地球1.27亿千米　© Kevin Heider @ LightBuckets

● 失踪彗星

很多时候天文学家观测并发现彗星，计算出它可能的轨道，推测它什么时候会接近地球和太阳，到达近日点。但是有时候，由于对一颗彗星的观测数据不够，或者观测不准确，导致天文学家在推测它的近日点时出现了偏差。当一颗彗星在推测时间没有靠近太阳和我们的

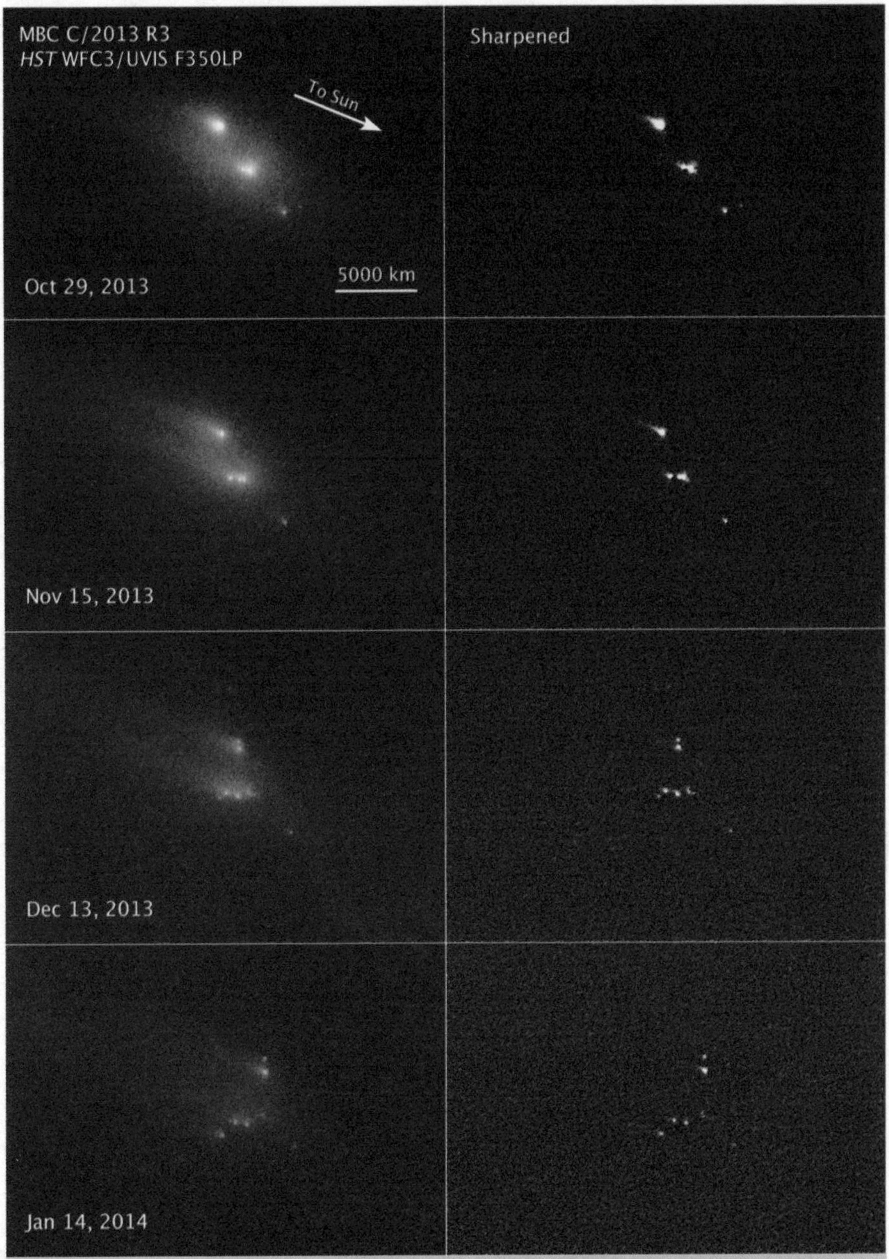

MBC C/2013 R3
HST WFC3/UVIS F350LP

Sharpened

To Sun

5000 km

Oct 29, 2013

Nov 15, 2013

Dec 13, 2013

Jan 14, 2014

哈勃太空望远镜拍摄的一系列照片，记录了类似彗星的小行星破碎解体时的景象 ©NASA，ESA，D. Jewitt（UCLA）

布罗森彗星的绘画图像。1879年
后，这颗彗星再没有被看到。

施瓦斯曼-瓦赫曼3号彗星1995年发生解体，并最终分裂成了
60多个部分 ©Andrew Catsaitis 公共领域

这张画描绘了比拉彗星1846年分裂成两部分之后的样子。自从1852年后，
人们再没有找到这颗彗星

地球，而是不知所踪，我们称这颗彗星"失踪"了。

彗星的彗核内含有冰和其他挥发性物质，才能在接近太阳之后形
成明亮而有特色的慧发和彗尾。如果一颗彗星内部的挥发性物质都消
耗完了，也就意味着这颗彗星再接近地球时，看上去可能和其他小行
星没什么区别，而不再像一颗彗星了。这种情况，也可能造成彗星的
"失踪"。此外，彗星因为太阳的潮汐力破碎分裂，也是失踪的原因
之一。

彗星的探测 ③

HUIXING DE TANCE

随着技术不断发展，科学家希望能更深入地了解彗星。于是世界上的一些国家和地区，发射了专门探测彗星的航天器。这些航天器有的能飞到彗星附近，拍摄照片；有的携带各种特殊探测器，能收集彗星数据；有的携带着撞击探测器，可以撞向彗星，并在撞击过程中收集大量资料传回地球；还有的探测器能在彗星表面着陆……

■ 乔托行星际探测器

1985年7月2日，欧洲空间局使用阿丽亚娜运载火箭将乔托行星际探测器送入太空。按照计划，这艘探测器将会飞掠哈雷彗星，成为一个接近彗星的人造探测器。1986年3月13日，探测器到达距离哈雷彗星仅仅596千米的地方。

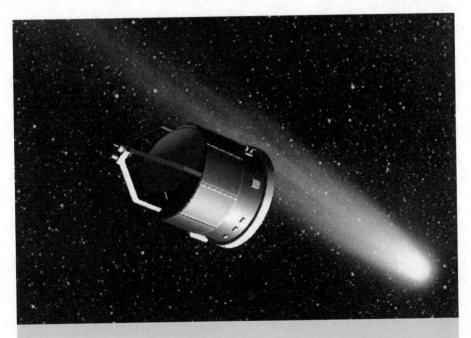

艺术家绘制的欧洲乔托行星际探测器接近彗星时的想象图
© Andrzej Mirecki

■ 星尘号探测器

　　1999年2月7日，美国宇航局发射了空间探测器星尘号。它的主要任务，是收集怀尔德2号彗星慧发中的尘埃物质，以及一些宇宙尘埃的样本，并将这些样本带回地球。星尘号是同类探测器中第一个携带样本返回的。2002年11月，星尘号探测器飞掠小行星安妮，2004年1月，飞掠怀尔德2号彗星。2006年1月，携带星际尘埃样本的舱体返回了地球。

扩展阅读

哈雷舰队

乔托行星际探测器并不是"孤身一人"前往哈雷彗星的。事实上，它是一个叫作哈雷舰队的多国合作探测行动的一员。哈雷舰队主要包括五艘飞船：欧洲空间局的乔托行星探测器，前苏联的维加一号、维加二号，日本的彗星号探测器、先驱号空间探测器。除此之外，还有一些探测器，也对哈雷彗星进行了观测。比如美国宇航局的国际彗星探测器，就从较远距离对哈雷彗星进行了观测。

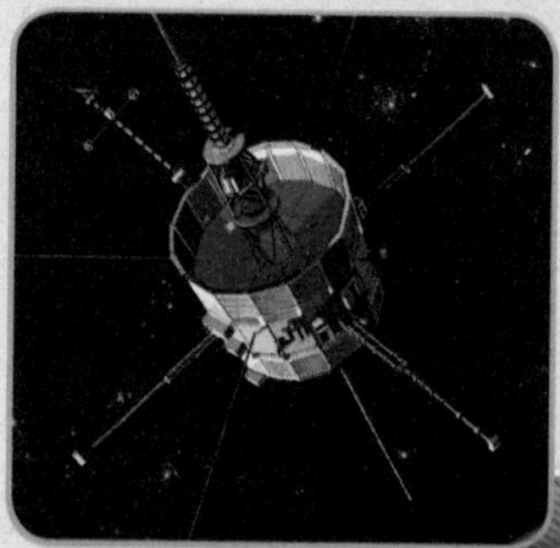

国际彗星探测器是美国宇航局发射的彗星探测器，1978年发射升空。对多个彗星进行了观测。图中是探测器接近贾科比尼-津纳彗星的想象图。©NASA

苏联维加探测器的模型照片©Daderot

2011年2月，星尘号执行了一项新的任务，那就是飞掠坦普尔1号彗星。这颗彗星在2005年时，曾经被深度撞击号进行撞击探测。当星尘号探测器的燃料耗尽之后，它无法再调整天线位置，向地球发回任何信息。星尘号最终从距离地球3亿千米的地方，发回了确认信号，任务终止。

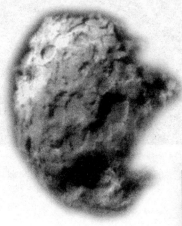

星尘号2004年1月2日拍摄的
怀尔德2号彗星　© NASA

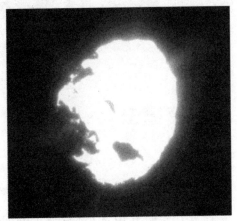

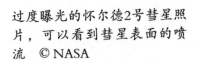

过度曝光的怀尔德2号彗星照片，可以看到彗星表面的喷流　© NASA

怀尔德2号彗星的3D图像
© NASA/JPL

艺术家绘制的星尘号探测器图像。它描述了探测器最后燃尽燃料，结束任务时的情景　©NASA/JPL

■■ 深空撞击

　　2005年1月12日，美国宇航局发射了深空撞击探测器。它的主要任务，是研究坦普尔1号彗星的内部组成。按照计划，2005年7月4日，深空撞击探测器发射出的撞击器，撞向了彗星的彗核。这一次撞击产生了一些从彗核内部脱离的碎片。

　　这一次的撞击彗星研究，收集了大量的数据和照片，并通过探测器传回地球。科学家经过分析，发现坦普尔1号彗星内部比预计中有更多尘埃，固体冰较少。

科学家使用电脑模拟深空撞击探测器（近）和撞击器
（远）分离的情景　©NASA/JPL

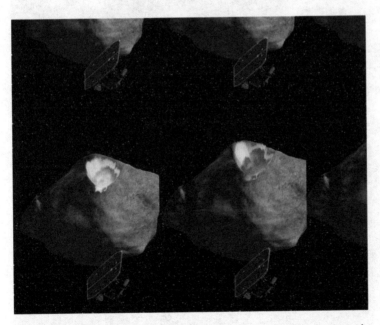

通过软件模拟深空撞击的撞击器与坦普尔1号彗星相撞的情
景　©GPL

罗塞塔号探测器

　　2004年3月2日，欧洲空间局发射了罗塞塔号探测器前往丘留莫夫-格拉西缅科彗星附近。它搭载了包括紫外成像光谱仪、光学光谱和远红外远程成像系统在内的多个仪器。罗塞塔号上，还有一个特别的"乘客"叫作菲莱。菲莱是一个彗星着陆器，按照计划，它将在彗星表面着陆，并对它进行深入研究。2014年11月12日，菲莱成功着陆彗星表面，成为第一个在彗星表面着陆，而非撞击的人造航天器。

罗塞塔号探测器近距离拍摄的丘留莫夫-格拉西缅科彗星照片。可以看到，彗星的彗核，并不是呈现圆球形，而是不规则的。从这张照片上还可以隐约看到喷流　© ESA/Rosetta/NAVCAM

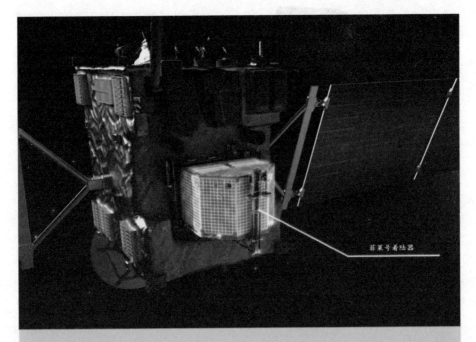

菲莱号着陆器在罗塞塔号探测器内部的景象。这是一张模拟图片

　　罗塞塔号探测器最初探测到了磁场，并通过加速其磁场振荡，发现它好像在进行一种有节奏的"歌唱"。然而当菲莱着陆器登陆彗星彗核之后，却发现彗星本身并没有磁场。之前监测到的"歌唱"可能是由于太阳风的影响。

　　罗塞塔号探测器以罗塞塔石碑的名字命名。这块石碑制作于公元前196年，用三种文字雕刻了古埃及国王托勒密五世的登基诏书，是近代考古学家研究古埃及历史的重要里程碑。而登陆器菲莱的名字，则来自另一件古埃及杰作—菲莱方尖碑，上面刻有古埃及的象形文字和古希腊文字。

罗塞塔石碑。 © Hans Hillewaert

菲莱方尖碑　© Eugene Birchall

彗星研究的意义

　　相对于行星和矮行星，彗星十分渺小，甚至不能形成圆球形；相对恒星，彗星不能发出持之以恒的光芒；相对我们的太阳和月球，彗星是那样暗淡。但是为什么科学家还要研究彗星，为什么世界各国的宇航机构，要发射各种航天器，去近距离探测彗星呢？

■海洋和生命可能来自彗星

　　彗星从遥远的太阳系外层而来，可能携带着太阳系最原始的信息。科学家认为，研究彗星可能对研究太阳系的形成有帮助。而除此之外，彗星的主要成分之一是冰。在地球形成早期，大量彗星撞击到地球上，这些冰也成为地球的一部分，甚至可能形成最初的海洋。而海洋，则是生命起源的地方。

在智利拍摄的夜空中同时出现两颗彗星的景象。左上角是莱蒙彗星，右下角是泛星彗星　© Juri Beletsky

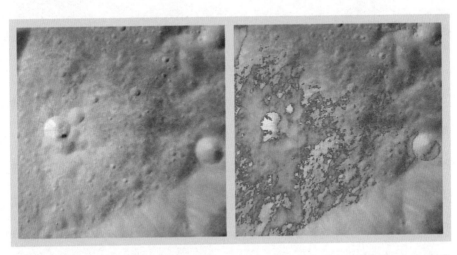

这是月球上一个相对年轻的陨石坑。它位于月球的背面。左图是陨石坑红外波段的图像，而右图则在此基础上，用蓝色标注出含水矿物质的分布。可以想象，地球早期也有类似的陨石坑。而如果这个陨石坑由彗星撞击形成，则可能为地球带来大量水分　© ISRO/NASA/JPL-Caltech/USGS/Brown Univ.

著名彗星

ZHUMINGHUIXING ④

在目前发现的众多彗星中，有一些彗星更有名一些。它们或者是特别明亮，或者是周期较短，每次出现都能引起众多爱好者，甚至是普通人争相观看。还有一些彗星，因为轨道比较有特点或来源比较特别，被科学家所关注，因而出名。

哈雷彗星

英国天文学家埃德蒙·哈雷认为，1531年、1607年、1682年的彗星很可能是同一个天体。1705年，他第一个预言了这颗彗星的回归。哈雷在当年发表的《彗星天文学论说》中宣布，1682年曾引起世人极大恐慌的大彗星，将于1758年再次出现在天空中。后来，他又因为发现木星可能影响到彗星的运动，这一回归日期推迟到1759年。这颗举世闻名，曾在世界上各个国家和地区的历史文明中留下痕迹的彗星便因此以他的名字命名。

1986年，欧洲南方天文台拍摄的哈雷彗星图片。　©ESO

乔托行星探测器拍摄的哈雷彗星彗核部分的图片。

1986年，哈雷彗星再次出现。科学家们发射了超过五个探测器来近距离研究这颗彗星。其中包括著名的"哈雷舰队"。哈雷彗星也成为第一颗被人造航天器进行仔细观察的彗星。

为了纪念哈雷彗星的回归，1986年4月11日，我国原邮电部发行了一套《1985—1986哈雷彗星回归》特种邮票。俄罗斯也发行了专门的纪念邮票。

俄罗斯发行的纪念邮票。上面绘有埃德蒙·哈雷，以及俄罗斯发射的维加号探测器　©USSR Post

世纪彗星——海尔-波普彗星

　　1995年7月23日，美国业余天文学家阿伦·海尔和托马斯·波普分别独立发现了这颗被称为实际彗星的长周期彗星。这颗彗星也以两人的名字命名。当时，海尔-波普彗星距离地球还有9亿多千米，在木星轨道和土星轨道之间。这也是当时业余天文学家所发现的最遥远的彗星。

　　根据哈勃太空望远镜的观测，海尔-波普彗星的直径大约为40千米，属于大型彗星。1997年4月1日，这颗彗星经过了近日点。在这前后18个月的时间里，海尔-波普彗星都是肉眼可见的。这打破了1811

欧洲南方天文台2001年拍摄的海尔-波普彗星照片。此时彗星距离地球已经有20亿千米的距离。它将继续远离我们，下一次回归恐怕要等到两千多年后了　©ESO

海尔-波普彗星照片

年的大彗星保持的肉眼可见时间最长的纪录。

　　科学家对海尔-波普彗星进行了研究，发现它的彗尾中不但有尘埃和气体，还发现了一些金属钠元素。从钠元素形成的彗尾方向来看，它是从彗星的头部中释放出来的。

慧木大相撞

1993年3月24日，天文学家在使用加利福尼亚帕洛玛天文台的40厘米施密特望远镜，搜寻有可能接近地球的小行星时，意外拍摄到一张照片。这张照片中，在距离木星不远的地方，可以看到一颗有多个核的奇怪的彗星。根据研究，科学家认为这是一颗在20世纪70年代，被木星引力俘获的卫星。它被命名为舒梅克–列维9号彗星。

1994年7月16日，这颗彗星的21块碎片以每秒将近60千米的速度，撞向木星。这一次的撞击持续了几天。科学家在此前已经通过计算，准确预言了这次撞击。所以当撞击发生的时候，几乎全世界所有的望

这一次彗木大冲撞在木星表面留下了巨大的伤疤，即便使用业余望远镜，也能看到木星大气中醒目的黑斑。黑斑持续了几个月之久 © NASA/Hubble Space Telescope Comet Team

C/2011 W3（洛夫乔伊彗星）是一颗长周期彗星，也是掠日彗星。在2011年12月16日，这颗彗星穿越了太阳的日冕层。科学家本以为，这会使得这颗彗星走向死亡。但是没想到，它在经过这一趟地狱之旅之后，竟成功存活下来 © NASA/SDO/AIA

美国宇航局哈勃太空望远镜拍摄的舒梅克-列维9号彗星。这颗彗星被发现的时候，已经分裂成了21个冰碎片，分布在前后100多万千米的范围内 © NASA，ESA，and H. Weaver and E. Smith（STScI）

远镜都对准了木星。这是第一次最大规模的国际联合观测，包括美国哈勃太空望远镜在内的多国望远镜、太空探测器等都参与其中。我国的北京天文台、上海天文台、云南天文台和紫金山天文台也进行了观测。

洛夫乔伊彗星

业余天文学家特里·洛夫乔伊发现了五颗彗星，都以他的名字命名。其中最有名的是2011年11月发现的C/2011 W3和2014年8月发现的C/2014 Q2。

C/2014 Q2（洛夫乔伊）是一颗长周期彗星。科学家发现这颗彗星向宇宙空间释放酒精和糖，使它一时间成为大众眼中的明星彗星。2014年12月到2015年1月间，这颗彗星肉眼可见　©John Vermette

立体红蓝视差图 5

LI TI HONG LAN SHI CHA TU

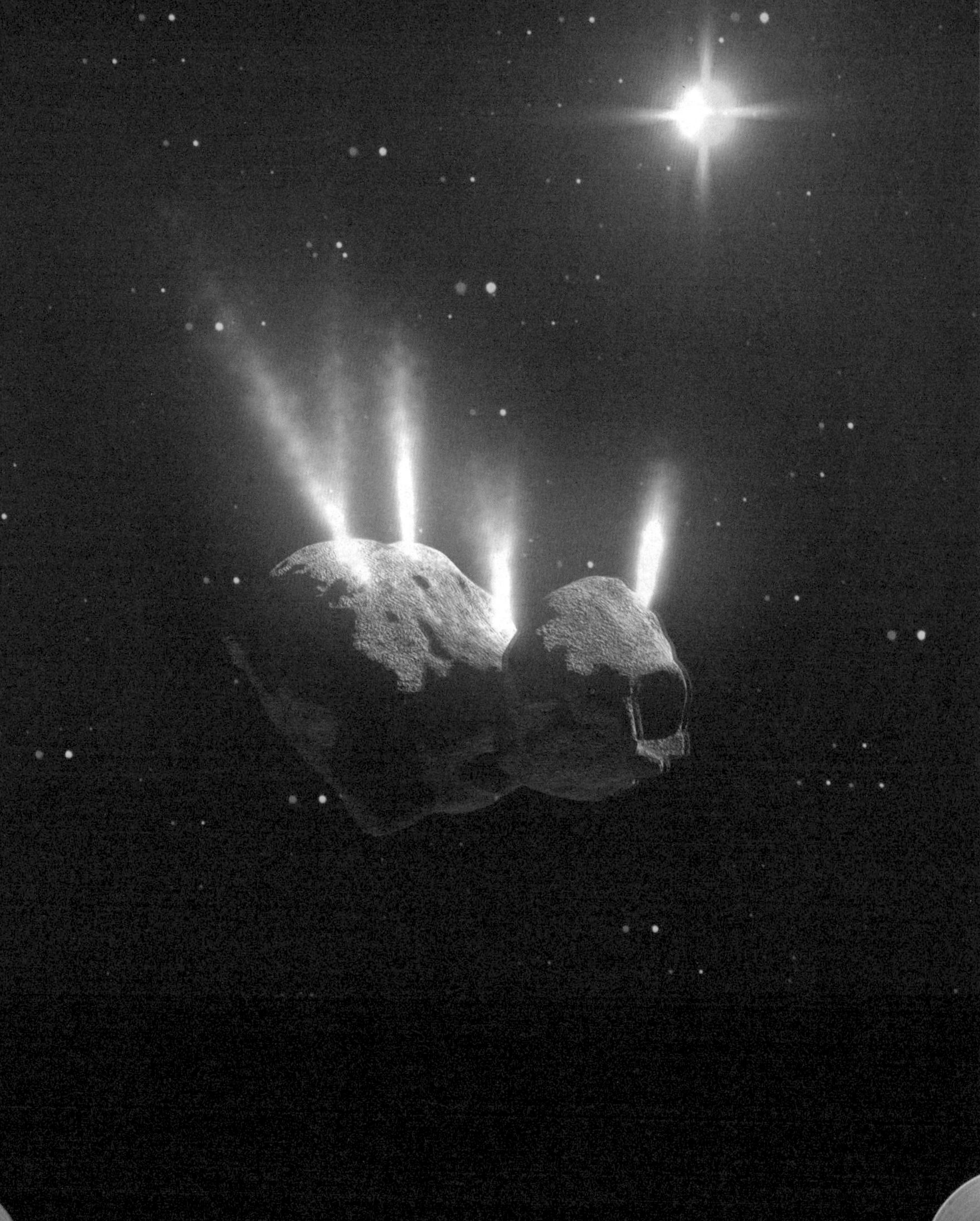

图书在版编目（CIP）数据

　　神秘的彗星与流星 / 李珊珊, 米琳莹, 胡瀚编著.
-- 长春 : 吉林出版集团股份有限公司, 2017.4
　（太空第1课）
　ISBN 978-7-5581-1833-3

　　Ⅰ.①神… Ⅱ.①李… ②米… ③胡… Ⅲ.①彗星—
青少年读物②流星余迹—青少年读物 Ⅳ.
①P185.81-49②P185.82-49

　　中国版本图书馆CIP数据核字（2017）第060210号

神秘的彗星与流星

SHENMI DE HUIXING YU LIUXING

编　　者　李珊珊　米琳莹　胡　瀚

出 版 人　吴文阁

责任编辑　韩志国　王　芳

开　　本　710mm×1000mm　　1/16

印　　张　8

字　　数　70千字

版　　次　2017年6月第1版

印　　次　2022年1月第2次印刷

出　　版　吉林出版集团股份有限公司（长春市福祉大路5788号）

发　　行　吉林音像出版社有限责任公司
　　　　　吉林北方卡通漫画有限责任公司

地　　址　长春市福祉大路5788号　邮编：130062

印　　刷　汇昌印刷（天津）有限公司

ISBN 978-7-5581-1833-3　定价：39.80元